阳光姐姐
科普·小·书房

奔向太空

伍美珍 主编

U0304442

明天出版社
TOMORROW PUBLISHING HOUSE

本书使用指南

瞧，这个图标剪影，每个主题都不一样哟。

每个主题都以一个故事场景作为开始，引出之后的探索旅程。

每个主题漫画后都附有科普小书房，介绍与主题相关的科普知识点，对漫画中的知识进行补充和拓展。

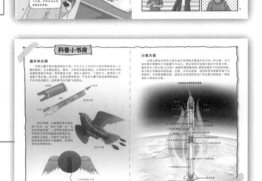

阅读漫画时，要按照先上后下、先左后右的顺序阅读。

阅读同一格漫画里的对话时，要按照先上后下、先左后右的顺序阅读。

画外音会让漫画故事的情节更加完整，不要错过哟。

认识阳光姐姐

阳光姐姐伍美珍

亲爱的小读者们，很高兴能和你在"阳光姐姐科普小书房"中相遇。

我主编这套科普读物，与"阳光姐姐小书房"解答孩子们成长中的困惑的思路是一脉相承的。我认为科普读物也可以做得具有故事性、趣味性和知识性，这样你们才爱读。这一套书就是以四格漫画的活泼形式，巧妙融合有趣的科普知识，解答你们在科学方面的疑惑，开阔大家的视野。

在这套丛书中，作为"阳光姐姐"的"我"化身为一个会魔法的教师，带领着阳光家族的成员们，以实地教学的方式给大家上 "科学课""自然课"。真心地希望这套书能够成为你的小书房中的一部分，让你爱上科学知识。

祝你们阅读快乐，天天快乐！

目录

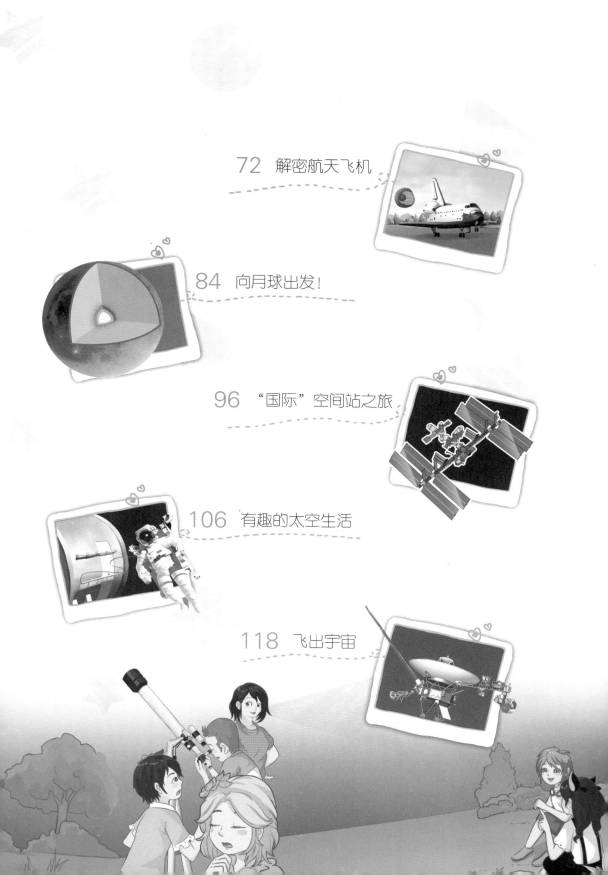

惜城

我叫惜城，是全校最聪明的男生。我最喜欢搞怪，每天都在制造笑话，很多有趣的话都出自我之口，朋友们说我动不动就会陷入"抽风状态"。

这是我同桌兔子，热爱读书的学霸，同时也是班花级美女。只要是书本上有的知识，她总是能信手拈来；只要是有趣的课外知识，她总忍不住记下来。

兔子

我和咪咪是好朋友，我们很喜欢整惜城。

这个呆呆的小胖子是阿呆，有点傻乎乎，脾气很好，爸爸是大老板，所以他是个低调的"富二代"。坐在他旁边的小胖妞是咪咪。当阿呆有难的时候，咪咪总是拔刀相助。

咪咪

我最大的梦想就是吃遍天下美食。

我喜欢好看的和可爱的事物，好奇心强，不过一旦说到认真学习，就会"灵魂出窍"。

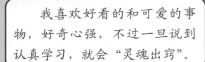

阿呆

张小伟是个心思细腻的安静男生，生长在单亲家庭，对妈妈很依赖。他性格温柔，自律又勤奋。因为长相帅气、待人亲和，所以他和女生十分谈得来。缺点是有些多愁善感，还有点儿多情。

我叫江冰蟾，性格内向，十分要强，因此有些孤独，朋友不是很多，我总是沉浸在自己的世界里。我最擅长的是数学，最害怕考试失误。

张小伟

江冰蟾

我是朱子同，不仅爱玩，还十分会玩，网络流行语尽在我的掌握之中。我喜欢打游戏，还自制娱乐恶搞节目，很有表演天赋，朋友众多。我自认为毫无缺点。

朱子同

阳光姐姐伍美珍

喜欢小朋友，喜欢开玩笑，被好友亲昵地称为"美美"的人。

善于用键盘敲故事，而用钢笔却写不出一个故事的……奇怪的人。

在大学课堂讲授一本正经的写作原理的人，在小学校园和孩子们笑谈轻松阅读和快乐写作的人，在杂志中充当"阳光姐姐"，为解决小朋友的烦恼出主意的人。

每天电子信箱里都会堆满"小情书"，其内容大都是"阳光姐姐，我好喜欢你"这样情真意切表白的……幸福的人。

已敲出100多本书的……超人！

博客（伍美珍阳光家族）
http://blog.sina.com.cn/ygjzbjb
信箱:ygjjxsf@126.com

酒泉，我们来啦！

<big>学</big>校正在举行首届航空航天发明大赛，大赛共设 10 个奖项，获得一等奖的同学不但可以拿到一笔丰厚的奖金，还能得到和中国航天员近距离交流的机会。这个奖励实在太诱人了，同学们都跃跃欲试。

本期出场人物：阳光姐姐、阿呆、惜城、咪咪、朱子同等

大家既然这么热爱航空飞行，明天我就带大家去参观火箭发射中心。

我想设计一个火箭，它的燃料全部来自太阳光。

我想设计一个宇宙飞行器，它可以任意穿梭于宇宙之中。

别说是穿梭于宇宙了，我们迄今为止连真正的火箭都没见过呢。

我想设计一个送餐飞行器，它可以为太空游客送去美食。

汽车驰骋在公路上，同学们和阳光姐姐坐在车里，不远处是一片荒无人烟的戈壁滩。

这里怎么这么荒凉，我们要去的是火箭发射中心，不是火星移民中心吧？

兔子不在，惜城瞬间就变成学霸。

火箭发射中心都建在荒无人烟的地区，这样可以避免火箭发射失败后的残骸伤到人。

那你知道我们要前往哪个发射中心吗？

这个我就不知道了……

我们马上就要到达国内规模最大的卫星发射中心——酒泉卫星发射中心。

9

没错，那么你们知道我国第一个到达太空的航天员是谁吗？

酒泉？我想起来了，我国的第一次载人航天工程就是在这里实施的。

黄大伟！

你真行，不仅给人家改了名，还改了姓，人家叫杨利伟。

没错，2003年10月15日上午9时，神舟五号载人飞船在酒泉卫星发射中心发射升空，它成功地将我国航天员杨利伟送入太空，这标志着我国成为继苏联和美国之后第三个将人类送入太空的国家。

其实我也是知道的。

到了发射基地，工作人员黄叔叔接待了大家。黄叔叔首先带大家参观的是指挥大厅。一进大厅，大家都惊呆了：这里有数百台电脑在同时工作！

这个红色的按钮有什么作用？

这里是指挥大厅的枢纽，这个按钮就是启动开关，只要一按下去，火箭就会立刻点火升空。

3, 2, 1, 点火……

不要！

嘿嘿，吓你们的。

哈哈，大家不要紧张，这个按钮在没有发射任务时是断电的，阿呆最多只会将它按坏而已。

黄叔叔，我发现电视直播火箭发射时，总有一个实时画面，这个画面是怎么拍出来的呢？

我们会在火箭上安装几台摄像机，这样就可以拍摄到火箭升空时的画面了。

11

参观完指挥大厅之后，大家又来到了另一个大厅——火箭组装大厅，只见工作人员正将火箭一节一节地组装起来。

我以为火箭是一个整体呢，原来是几节组装在一起的。

火箭在升空过程中要消耗巨大的能量。为了减少能量的消耗，科学家们想到将火箭分成几节，每一节的燃料用完后，就会自动脱落，火箭的重量就会减轻，这样它就能以更快的速度飞向太空。

对，就像一个人扔铅球似的，如果他用的力量一样，那么轻的铅球扔得远，重的扔得近。

不一定，你朝下扔试试。

对，不管轻的重的，我扔得都一样远。

那是因为你的力气不够大。

你们！

我看书上说，我国发射卫星时总会朝东南方向发射，这是为什么呢？

其实，火箭朝任何一个方向发射，都可以将卫星送入轨道，但是部分卫星的轨道和地球赤道处于同一个平面，这样一来，如果朝东南方的赤道方向发射卫星，火箭在上升过程中会受到一个自西向东的地转偏向力，相当于地球推了火箭一把，这样火箭就可以节省很多燃料。

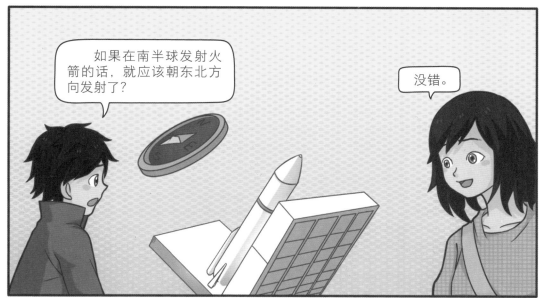

如果在南半球发射火箭的话，就应该朝东北方向发射了？

没错。

火箭组装好后被一辆运输车运到发射塔下。

工作人员在火箭周围建造一个类似高楼的装置，人们可以在里面走动。同学们也跟着黄叔叔走了进去。

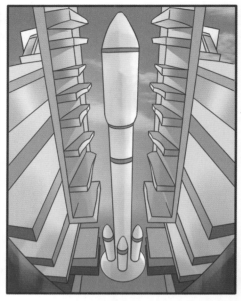

火箭在上升过程中需要大量燃料，工作人员正在往火箭里面加燃料呢。

那些人在干什么呢？

那些黑褐色的东西是煤炭吗？

这是固体燃料，它在燃烧时产生的能量可比煤炭要多得多。

这就看出我们瘦子的好处了。你看，我们瘦子上天都能少用不少燃料呢。

下次刮大风时，希望你别一直抓着阿呆了。

当然了，我国最先进的长征五号系列运载火箭，其起飞质量能达到约870吨呢。

我上次去航空航天博物馆时，看到天宫二号的介绍说，它的质量足足约有8.6吨呢，若是想让这么重的大家伙升上太空，肯定需要大量燃料吧？

这太不可思议了！火箭的发明者是法国人还是英国人？他可真是个天才。

是吗？我怎么不知道他的名字？既然中国人最早发明了火箭，那么世界上把第一颗人造卫星送上天的国家为什么不是中国呢？

这就说来话长了，大家不妨跟着我去看看古代火箭的庐山真面目。

这次你猜错了，火箭最早是由中国人发明的。

阳光姐姐念起咒语，大家瞬间就置身于古代战场之中了，而在他们头顶上，有数不清的箭飞过。

啊！这哪里像是火箭发射中心呀，这分明是草船借箭中心嘛，我们现在就相当于那些草人。

这真是太奇怪了，没有士兵的呐喊声，倒是有很多鞭炮声，这里看上去也不像是晚会现场呀。

阳光姐姐，这一次你的咒语不灵了，我们来错地方啦，这里的确没有火箭。

大家看，从我们头上飞过的"箭"就是古代的火箭。

啊！

啊！

如果这也能叫火箭，那么此刻站在你们面前的就是西施。

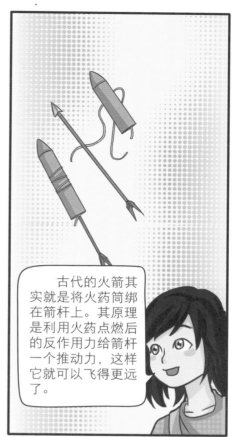

古代的火箭其实就是将火药筒绑在箭杆上。其原理是利用火药点燃后的反作用力给箭杆一个推动力，这样它就可以飞得更远了。

小生潘安在此，请多多指教！

哦，这种火箭与过年时玩儿的钻天猴十分相似。

对，其实鞭炮中的"震天雷""双响炮"都是利用的这个原理。

那现代火箭呢？

中国古代火箭主要被应用于军事和民间娱乐中，要说到现代火箭，那就不得不提到罗伯特·哈金斯·戈达德了。

原来是罗伯特·哈金斯·戈达德啊，我以为火箭是牛顿发明的呢。

罗伯特·哈金斯·戈达德是一位物理学家，他依据天文学和物理学知识，认为可以发明一种动力装置，这种装置可以帮助人们到达其他星球。

真是有远见呀！

可当时的人却不这么想，人们嘲笑他不切实际，异想天开，可他并没有放弃这一梦想。1926年3月16日，他发射了人类历史上第一枚液态燃料火箭，他的这一创举标志着现代火箭技术的诞生。

那人们是如何想到用火箭将卫星送上太空的呢?

现代火箭技术诞生以后,人们不断提升火箭上升的高度。如第二次世界大战期间,德国军队研发的V2火箭,其实就是一种弹道导弹,其最大射程约为320千米。

那后来呢?它是怎么变成太空飞行器的呢?

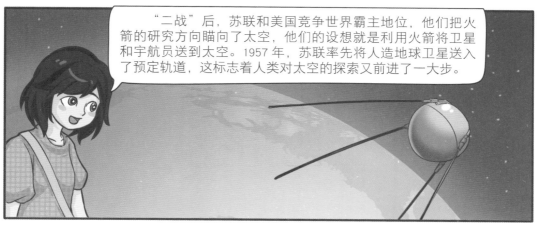

"二战"后,苏联和美国竞争世界霸主地位,他们把火箭的研究方向瞄向了太空,他们的设想就是利用火箭将卫星和宇航员送到太空。1957年,苏联率先将人造地球卫星送入了预定轨道,这标志着人类对太空的探索又前进了一大步。

正当大家讨论时,一个大火球朝他们飞来……

阳光姐姐连忙念起咒语,大家瞬间回到了现代。

最早的火箭

　　世界上最早的火箭出现在中国。早在公元三世纪的三国时期就出现了火箭的雏形，它主要由箭头、箭杆、火药筒和箭羽组成。火药筒的外壳由竹筒或硬纸筒制作而成，里面填充火药，筒的上端封闭、下端开口，筒侧的小孔设置了导火线。点火后，火药在筒中燃烧，产生的大量气体高速喷射而出，产生向前的推力，这样就可以让箭飞得更远。

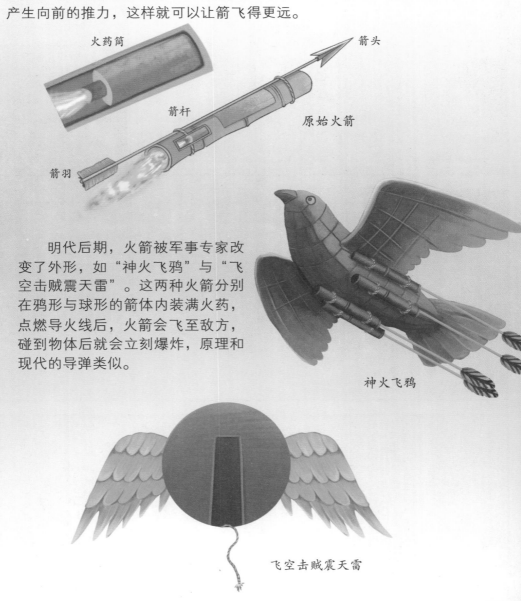

火药筒

箭头

箭杆

原始火箭

箭羽

　　明代后期，火箭被军事专家改变了外形，如"神火飞鸦"与"飞空击贼震天雷"。这两种火箭分别在鸦形与球形的箭体内装满火药，点燃导火线后，火箭会飞至敌方，碰到物体后就会立刻爆炸，原理和现代的导弹类似。

神火飞鸦

飞空击贼震天雷

运载火箭

　　运载火箭指的是将人类创造的各种航天器送向太空的一种火箭，因为其发射时需要巨大的能量作为动力，所以现在的运载火箭多为多级火箭，最常见为三级火箭。它的每一级都包括箭体结构、推进系统和飞行控制系统。级与级之间靠级间段连接。卫星、太空实验室、返回舱等有效载荷置于仪器舱中，外部套有整流罩。我国自主研制的长征三号运载火箭就是一种典型的三级液态火箭。

三级液态火箭结构示意图

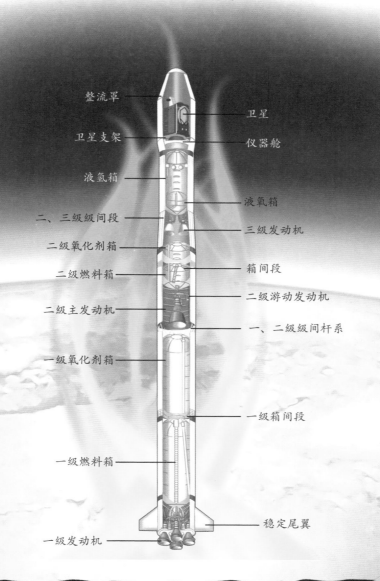

整流罩

卫星

卫星支架

仪器舱

液氢箱

液氧箱

二、三级级间段

三级发动机

二级氧化剂箱

箱间段

二级燃料箱

二级游动发动机

二级主发动机

一、二级级间杆系

一级氧化剂箱

一级箱间段

一级燃料箱

稳定尾翼

一级发动机

望向太空的"眼睛"

从酒泉卫星发射中心回来后，大家对太空的兴趣越来越浓，一有时间就去图书馆查阅关于太空的知识。兔子很想看看宇宙中五彩缤纷的星云，惜城想寻找太空中神秘的UFO，江冰蟾则对宇宙大爆炸非常感兴趣。仗义的阿呆为了满足小伙伴们的愿望，用积攒多年的压岁钱买了一架天文望远镜，邀请大家放学后一同观测太空。

本期出场人物：阳光姐姐、阿呆、惜城、兔子、江冰蟾

> 既然你们对太空这么好奇，那么我带大家去一个能看到太空的地方吧。

> 我看到了一个外形酷似风筝的UFO。

> 我只看到一团烟花。

> 我只看到了云层。

第二天是周末，阳光姐姐带领大家前往南京的紫金山。当车子开往山上时，阿呆忍不住嘀咕起来。

我知道山顶海拔高，可是太空离地面很远，就算我们站在山顶，看得到太空吗？

我的天哪，你不知道绝大多数天文台都是建在山上的吗？

哼，我就不信只有我不知道！

好了，你们不要吵了。其实，我也不明白为什么天文台要建在山上。难道是为了缩短地球和其他星球的距离？

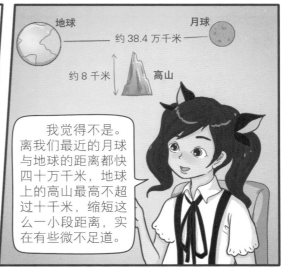

地球　　　　　　　　　月球
———— 约38.4万千米 ————

约8千米　　高山

我觉得不是。离我们最近的月球与地球的距离都快四十万千米，地球上的高山最高不超过十千米，缩短这么一小段距离，实在有些微不足道。

学霸，既然你知道绝大多数的天文台是建在山上的，想必也知道原因吧？

我当然知道。

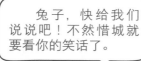

兔子，快给我们说说吧！不然惜城就要看你的笑话了。

地球被大气层包围，宇宙光线要通过大气层才能到达地球，而烟雾、灯光、尘埃和水蒸气等杂质都会影响天文观测。因此，如果在远离城市的山区观测太空，情况就会好得多。

兔子说得对。海拔越高的地方，空气就越稀薄，烟雾、尘埃和水蒸气就越少，对天文观测的影响就越小。所以，天文台大多数是建在山上的。

正当大家聊得起劲儿时，一座屋顶为球形的建筑映入眼帘，原来这里就是中国科学院紫金山天文台。

阳光姐姐，你确定这次是带我们去天文台吗？我怎么觉得像是在参观外形奇异的建筑呀！

这座屋顶为球状的建筑就是天文台呀！

这就是天文台？怎么和我想象中的一点儿也不一样？

是呀，天文台不该是一座露天高楼，高楼上还有超级炫酷的望远镜吗？它的建筑外形怎么会是这样的呢？

我觉得是为了便于观测太空。

部分天文台将屋顶设计成球形，确实是为了便于观测，因为球形屋顶不仅能减少非观测天体光线的干扰，还便于我们调节望远镜的方向，帮助我们快速追踪到天体的运动。当然，还有一些别的原因，比如球形建筑的稳定性很高，相对来说也更加美观。

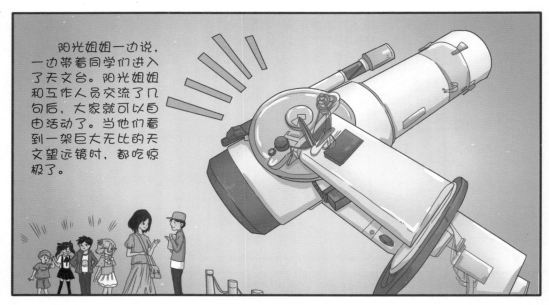

阳光姐姐一边说，一边带着同学们进入了天文台。阳光姐姐和工作人员交流了几句后，大家就可以自由活动了。当他们看到一架巨大无比的天文望远镜时，都吃惊极了。

哇，好酷的望远镜呀！阿呆的那个望远镜和它相比，简直是小巫见大巫。

我现在能用它观测星云吗？

心急吃不了热豆腐，现在可是白天，星星们都躲在被窝里睡大觉呢！

你的意思是，白天用望远镜观测不到星星？

应该是吧。

我用我的眼睛和我的那台望远镜在白天也都看不到星星。

惜城说得并不完全正确。我们的肉眼在白天确实看不到星星，但是有的天文望远镜是可以在白天观测到星星的。

白天时，由于太阳光中的一部分光线被地球大气层散射，将天空照得明亮，所以我们用肉眼自然看不到星星。如果没有大气层，天空会是黑洞洞的，即使阳光再强烈，我们用肉眼照样能看到星星！

那用天文望远镜呢？

天文望远镜的筒壁能将大部分散射于大气中的阳光挡住，形成一个"小黑夜"，而且天文望远镜的透镜会发生折射，让天空暗下来，使部分天体的光加强，这样我们就能在白天观测到星星了。

兔子一听可以在白天看到星星，激动地第一个跑到了天文望远镜跟前。

你是"兔子"，跑得最快，谁抢得过你！

我要第一个观测，你们都不能和我抢。

在工作人员的指引下，兔子立刻观测起了星云。

咦，我怎么什么都看不清？

这台天文望远镜观测得不清楚是因为大气层中的杂质太多了，以及白天太阳光过于强烈。为了躲开大气层的干扰，太空望远镜就派上用场了。

是飞行在太空中的望远镜吗？

是的。太空望远镜和人造卫星一样，它们都在固定的轨道上围绕地球做圆周运动。不过它观测的对象主要是宇宙中的一些天体。

那现在有哪些太空望远镜呢？

既然大家有这么多疑问，不如我们现在就去看看太空望远镜的诞生和发展史吧！

啊吧啦，啊咔啦！

众人瞬间出现在一架正在飞行的飞机上。当他们发现自己正站在机舱门口时，一个个吓得赶紧跑回机舱。

阳光姐姐，你怎么总是把我们往危险的地方带呀？

上一次是古战场，这一次是高空飞行的飞机，下一次是不是万米深的海底呀？看来，我得事先备好一个氧气罐。

海底的压强能把你的氧气罐压成一块铁饼。

江冰蟾，你怎么总是针对我！

你们快看，这架飞机上也有一台天文望远镜。

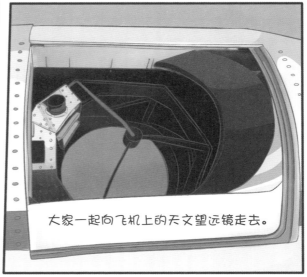

大家一起向飞机上的天文望远镜走去。

真奇怪，为什么要把望远镜架设在飞机上？

这难道就是太空望远镜？这里虽然空气稀薄，可也不是太空呀。

这就是大名鼎鼎的"SOFIA"，全称是"平流层红外天文观测台"。这架飞机的飞行高度超过一万米，它能够利用装载的天文望远镜进行观测，不仅可以凝视星空深处，还能观测到来自银河核心的强大远红外线辐射。"SOFIA"可以说是太空望远镜的雏形。

这么厉害！

阳光姐姐，我可以用这台望远镜观测一下宇宙吗？

当然可以。

惜城将兔子挤开，兴冲冲地观测起来。

什么呀，星星的周围怎么黑乎乎一片？根本就观测不到外星人的宇宙飞船。

还有比 SOFIA 更先进的太空望远镜吗？

当然有呀。自从人类发明了火箭以后，人们不断地把各种物体送上太空。1990 年，著名的哈勃空间望远镜就被航天飞机送上了太空。

没错。哈勃空间望远镜在地球大气层之上，它不会受到大气层的干扰，能更清晰地观测宇宙。它能够拍摄到宇宙中许多星系的爆炸和碰撞，以及各种惊心动魄、恢宏壮丽的场景，为科学家们提供了许多重要的科研数据。

啊吧啦，啊咔啦！

阳光姐姐念起咒语，只见他们周围出现了一幅全息影像，它左右滑动，将哈勃空间望远镜拍摄下来的宇宙照片展现在大家面前。

哇，这些照片真清晰！哈勃空间望远镜真是太了不起了！

我要找找看，它有没有拍下 UFO ！

阳光姐姐，太空中除了哈勃空间望远镜外，还有其他太空望远镜吗？

当然有！1991 年，美国将康普顿太空望远镜送入了太空；1999 年，美国又将钱德拉 X 射线太空望远镜送入了太空。此后，美国还将空间红外望远镜和 3D 打印太空望远镜送入了太空。

怎么全都是美国发射的太空望远镜？我国有自己的太空望远镜吗？

大家充满期待地看向阳光姐姐。

有啊。2001年，我国的神舟二号飞船发射升空，它的轨道舱载有太阳能和宇宙高能辐射监测系统，它能监测到来自太阳甚至宇宙深处的高能辐射。在不久的将来，我国将发射真正意义上的太空望远镜。

我觉得这一天很快就会到来。

好期待用我国的太空望远镜观测神秘莫测的太空呀！

你们的梦想一定会实现。

啊吧啦，啊啦吧！

阳光姐姐使用魔法，又将大家带回到中国科学院紫金山天文台。

天文望远镜的原理

　　天文望远镜上一般有两只镜筒,每只镜筒都由物镜和目镜组成。接近景物的凸面镜或凹面镜叫物镜,靠近眼睛的那块镜面叫目镜,来自景物的光源叫作平行光。根据光学原理,平行光透过凸面镜或凹面镜聚集成一个点,这个点即为焦点。焦点与物镜的距离为焦距。利用一块比物镜焦距短的凸面镜(目镜)就可以把景象放大,让观测者能清晰地观测到地球之外的景象。一般来说,天文望远镜分为三大类,即折射望远镜、反射望远镜和折反射望远镜。

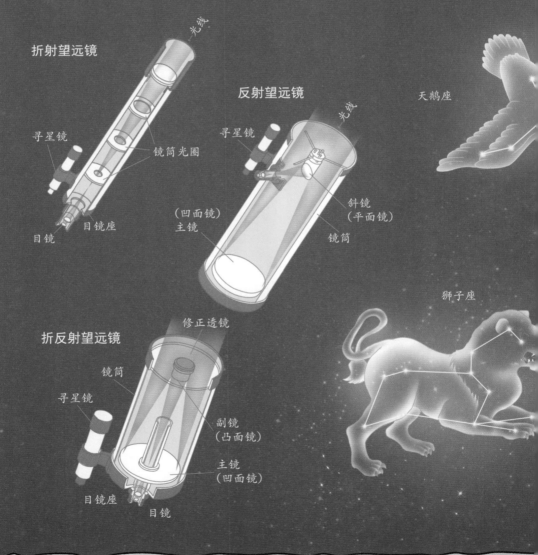

折射望远镜

光线

寻星镜

镜筒光圈

目镜座

目镜

反射望远镜

光线

寻星镜

(凹面镜)
主镜

斜镜
(平面镜)

镜筒

天鹅座

折反射望远镜

修正透镜

镜筒

寻星镜

副镜
(凸面镜)

主镜
(凹面镜)

目镜座

目镜

狮子座

星座趣闻

公元前 4000 年左右，生活在美索不达米亚平原两河流域的苏美尔人就开始将群星"分而治之"。后来，古代的天文学家编制了 48 个星座，还把星座里的亮星用线连起来，将它们想象成动物或人物，结合神话故事给它们取了名字。

由于地球在不断地运动，我们不可能在同一个地点把常见的星座都观测到，有些星座只能在某些地点和某个时段才能被观测到。在北半球常见的星座有大熊座、小熊座、仙后座、天鹅座、猎户座。在南半球常见的星座有人马座、长蛇座、南十字座、大犬座。

大熊座

猎户座

长蛇座

（常见星座简图）

人造卫星知多少

周末的一天，咪咪、兔子、朱子同在阿呆家观看一档关于人造卫星的电视节目。当他们看得正起劲时，电视突然没了信号，大家郁闷极了。

本期出场人物：阳光姐姐、阿呆、咪咪、朱子同、兔子

怎么回事？刚播到黑洞，电视就成黑洞了，这也太邪门了吧！

这种情况应该是人造卫星信号中断了，等一会儿就好了。

你别吓唬阿呆，他胆子最小了。

不如我们去找阳光姐姐，让她给我们讲讲人造卫星的故事吧！

为了让大家更加详细地了解人造卫星，阳光姐姐带领同学们前往一所从事卫星研制和生产工作的重要基地。当大家进入基地时，朱子同拉住了阳光姐姐的衣服。

阳光姐姐，人造卫星是人类制造出来的星球吗？

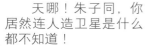

天哪！朱子同，你居然连人造卫星是什么都不知道！

不要大惊小怪，子同说的一些新潮的玩意儿，你们也有可能不知道！

好吧，我的确不知道。

咪咪，不如你给子同解解惑吧！

咳咳，你听好了。我们将宇宙中围绕行星轨道运行的天体称为卫星。好比月球是地球的卫星，人造卫星就是环绕地球运行的人造航天器。

说得真棒！

嘿嘿——

那人造卫星有什么作用呢？人们费了那么大的力气将人造卫星送上天，不会是专门用来让我们收看电视的吧？

人造卫星有很多种。比如用于向地球转播电视节目的电视广播卫星，这一类卫星属于通信卫星。

对，除此之外，还有用来观测天气的气象卫星；用于勘测和研究地球自然资源的资源卫星；用于导航、定位的导航卫星等。

哇，真酷！听你们这么一说，原来我们经常使用的手机导航功能也是人造卫星的功劳呀！

不仅如此，我们平时看到的台风外形的轮廓图也是人造卫星直接拍摄的照片呢！

同学们来到了基地大厅，看到一块巨大的屏幕，屏幕上是地球的影像，它的周围布满了卫星，这一画面着实令大家感到震撼。

天哪，太空中怎么有这么多颗卫星呀？

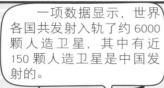

一项数据显示，世界各国共发射入轨了约6000颗人造卫星，其中有近150颗人造卫星是中国发射的。

这些人造卫星会不会突然从天上掉下来？

这么大的一个铁疙瘩，掉下来肯定能将人砸成肉饼。看来以后走路时，我要加倍小心。

你们真是杞人忧天，人造卫星当然不会掉下来。

为什么呢？

地球有引力，任何物体都会受到地球引力的作用。而人造卫星的运行速度非常快，它被发射到大气层之外后就不再受控于地球引力，只会按照人们为它设定的轨道绕地球运动。

39

离开大厅后，阳光姐姐带着同学们进入卫星制造车间，车间内摆放着形状各异、大小不一的人造卫星，工作人员正在紧锣密鼓地工作。

这些就是人造卫星吗？为什么它们的标牌上显示的质量差别这么大呢？

……

由于功能不同，它们携带的仪器也各不相同，因此它们的质量也就不一样了。

那它们身上展开的那对类似翅膀的东西是做什么用的呢？

飞机的翅膀是为了保持平衡，我猜人造卫星的翅膀也是如此。

它们是不是靠扇动这对翅膀来飞行的？

哈哈哈，你们的想象力可真丰富。不过，这对翅膀其实是太阳能板。

没错。人造卫星工作也是需要电的，为了解决供电的难题，科学家在人造卫星上安装了两组电池，一组是不能循环使用的化学能电池，一组是可以循环使用的太阳能电池。当化学能电池用完后，人造卫星就会启动太阳能板，将接收到的太阳能转化为电能，这样人造卫星就可以继续工作下去啦！

我知道了，太阳能板可以将太阳能转化为电能。

人造卫星为我们的生活带来了这么多便利，真想看看它是什么样的。

阳光姐姐，我们想去看看人类历史上的第一颗人造卫星。

既然大家这么感兴趣，我就带你们去了解一下。

啊吧啦
啊咔啦

变

阳光姐姐念起咒语，一眨眼的工夫，同学们来到了一个火箭发射现场。此时，一枚火箭即将发射升空。

阳光姐姐，你不是带我们去看人类历史上的第一颗人造卫星吗？

是呀，怎么把我们带到火箭发射现场了？

你们看，那些忙忙碌碌的工作人员全都是外国人。

阳光姐姐又念起咒语，一颗大铁球出现在大家面前。

啊吧啦，啊卡啦！

他们说的好像是俄语。

同学们，这里是1957年的苏联。

这是什么呀？

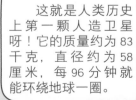

这就是人类历史上第一颗人造卫星呀！它的质量约为83千克，直径约为58厘米，每96分钟就能环绕地球一圈。

这时，众人耳边响起火箭发射倒计时声：10，9，8，7……

阳光姐姐，你快使用魔法将人造卫星变回火箭里去。

这可是科学进步的关键时刻，不能让它失败，不然我们就成了千古罪人啦！

放心吧，你们看到的只是卫星的虚拟影像。真正的卫星在火箭里呢。

这时，火箭启动，缓缓离开地面。在阳光姐姐魔法的保护下，同学们近距离地观看了火箭的发射。

哇，火箭发射的场面真壮观！

这一刻太具有纪念意义了！

43

我觉得，苏联的这颗人造卫星发射成功后，一定会激发世界各国研制和发射人造卫星的热情。

是的，时隔仅仅一年，美国就成功发射了人造卫星。之后，法国和日本也将人造卫星送入了太空。

那我们中国呢？

中国是第五个将人造卫星送入太空的国家。我国的第一颗人造卫星名叫东方红一号，它就是在我们参观的卫星制造厂制造的。

科学家们为了研制东方红一号，一定耗费了无数的心血……

是的，将人造卫星发射到太空是一项技术复杂的综合性工程，我们的科学家碰到了无数个难题，但都被他们一一解决了。

这些科学家是我们国家的骄傲。

第一颗人造卫星发射成功距今已经60年了，在这期间，世界各国发射了许多颗人造卫星。这些人造卫星现在都在正常工作吗？

是呀，那些出现故障、需要报废的人造卫星是怎么处理的呢？

据我所知，需要报废的人造卫星通常由所属国家进行处理，处理的方法也有许多，最常用的是让人造卫星坠入大气层中。

那我们岂不是随时有被砸到的风险？

放心吧，人造卫星在落到地面之前，已经在大气层中和空气摩擦燃烧，变成灰烬了。即使燃烧不完全，科学家们也会让它尽量坠落到海洋或者人烟稀少的地方。

这多麻烦呀，我想发明一种细菌，这种细菌只要开始工作，就可以把报废的人造卫星吃掉，多省事呀！

我们的当务之急，还是先回到现实世界中吧！

人造卫星的轨道

　　人造卫星的轨道是指人造卫星围绕地球运行的轨道，它是一条封闭的曲线。人造卫星的轨道有三种：第一种为赤道轨道，即人造卫星始终在赤道上空飞行。如果卫星运行周期和地球自转周期相同，则该卫星称为地球同步卫星；第二种为极地轨道，即人造卫星飞越南北两极上空，刚好与赤道轨道的平面呈 90 度夹角；第三种为倾斜轨道，包括自西向东顺着地球自转的方向运行和自东向西逆着地球自转的方向运行两种。

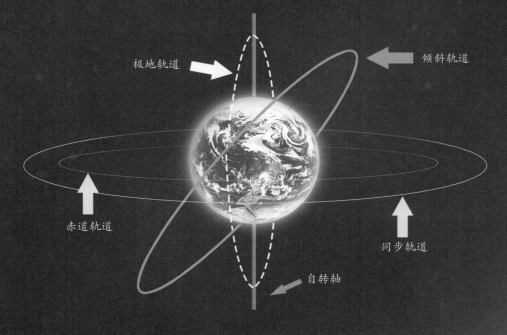

极地轨道　　倾斜轨道　　赤道轨道　　同步轨道　　自转轴

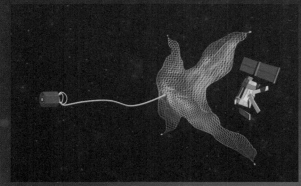

"立方帆"捕获碎片

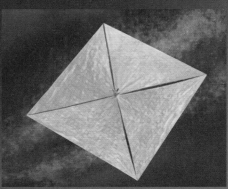

"立方帆"张开成四方形

如何清理太空垃圾?

　　太空垃圾的主要来源是航天器的碎片或者遗骸，它们有的是航天器爆炸产生的碎片，有的则是废弃的卫星残骸。在环绕地球运行的过程中，太空垃圾的运动速度非常快，有的比来复枪射出的子弹还要快。所以，任何东西被它们撞到都会受到严重损坏，尤其是贵重的航天器，有的可能会被整体报废。

　　为了清除太空垃圾，英国科学家提出了"立方帆"方案。"立方帆"本身是一个重量约为3千克的小卫星。当它进入轨道后，其内部的聚合膜就会张开，呈现为一个四方形；同时，装备在它身上用于探测太空垃圾的四个小型摄像机也会立即开启。当探测到太空垃圾时，地面人员就会向它发出指令，这颗小卫星就会立刻捕获碎片。当"立方帆"达到一定的重量后，它会和它所捕获的太空垃圾一同坠毁在大气层。

　　而美国的科学家则设想从地球发射激光，以减缓太空垃圾的运行速度，然后让其进入大气层燃烧殆尽。

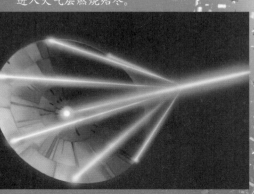

从地球向太空垃圾发射激光

征服太空

著名的航天英雄、中国第一位登上太空的女航天员刘洋来学校做了一次声情并茂的演讲，这让孩子们对太空之旅充满了向往。

本期出场人物：阳光姐姐、惜城、张小伟、阿呆、咪咪

当阳光姐姐带着同学们来到航天科技馆时，大家都沮丧不已。

阳光姐姐，原来你所说的体验太空之旅的地方就是在这里呀？

航天科技馆模拟的太空之旅肯定没意思。

美丽迷人、魅力无穷的阳光姐姐呀，快用你那神奇的魔法满足我们的小心愿吧！

阳光姐姐，你是我心目中最善良的天使，你一定不忍心拒绝我们，对不对？

你们知道吗？每一位航天员都是经过严格选拔的。他们不仅身体和心理素质过硬，还掌握了丰富的航天知识。此外，他们在执行航天任务前还会接受模拟登陆太空训练。你们什么准备都没有，我怎么能放心地带你们到太空去呢？

同学们听到这里，立刻打起精神走进了航天科技馆的航天模拟室，当看到一架仿真度极高的火箭时，大家都十分激动。

哇，这枚火箭真霸气！

我就觉得这次模拟太空之旅肯定会非常棒。

在工作人员的指引下，众人穿上航天服，进入到一个特制的房间内。之后，每个人的头上都戴了一顶"虚拟现实头盔"。接着，大家耳边响起了一个电子音："火箭发射准备就绪，倒计时开始，10,9,8……3,2,1，发射！"

天哪！我怎么感觉地动山摇？

阳光姐姐，火箭不会真的发射升空了吧？是不是你使用了魔法，让我们穿越到真正的火箭中了？

对呀，这感觉太真实，真是太不可思议了。

你们想多了，这只是模拟。不过，大家还是要抓稳扶好。

过了一会儿，震动感减轻了许多，众人眼前的地球渐渐地从一块平面变成了一个圆球。

哇，这就是我们的地球吗？它就像一颗球形的蓝宝石，真是太漂亮了。

因为我们的地球有大约四分之三的面积被碧蓝的海水覆盖，所以地球的外观呈蓝色。

可是地球明明那么亮，为什么太空却那么黑呢？

是呀，太空中有那么多明亮的星星，怎么周围还是黑漆漆的呢？

太空中是一个真空的环境，既没有空气，也没有微尘，再加上那些发光的星星相距过于遥远，它们发出的光又很难反射到我们眼中，所以，我们看到的太空就是黑漆漆的了！

模拟太空之旅结束后，同学们下了飞船，一个个意犹未尽。

哇，我像是体验了一场真正的太空之旅。我已经决定了，等我长大后，我要成为一名航天员。

前提是，你要减减肥，航天员可没你那么胖！

那我还是当一名地上的航天科学家吧！

哈哈哈

阳光姐姐，我国第一个进入太空的人是杨利伟叔叔，那世界上第一个进入太空的人是谁呀？

真想亲眼看看人类是如何实现载人航天梦的。

既然大家这么感兴趣，我这就带大家穿越时空，一起了解一下人类登陆太空的历程吧！

啊吧啦，啊咔啦！

阳光姐姐念起咒语，众人眼前出现了一片古代建筑。

阳光姐姐，你带我们回到了我国古代吗？难道世界上第一个进入太空的人是中国人吗？

不对呀！不是说杨利伟叔叔才是我国第一个进入太空的人吗？

你们快看，那个叔叔在干吗？

真奇怪，他为什么要把两只巨大的风筝绑在一把椅子上？

还不止呢！他还在椅子上绑了许多火箭筒，我数一数……一共有47支！

之后，这位男子坐在了椅子上。旁边的仆人手持火把，准备点燃火箭筒。

天哪，他不会是想坐着这把"火箭椅"飞到天上去吧？

这也太疯狂了！什么安全措施都没有！

哇，原来我们的祖先思想这么先进！

你们猜得没错。我们现在身处明朝，这个人叫万户，他是世界上第一个想到用火箭作为动力飞天的人。后来，人们为了纪念万户，将月球背面的一座环形山用他的名字来命名。

我知道，月球上还有一座环形山是以地动仪的发明者张衡的名字命名的。

不过很可惜，万户失败了，我们还是没有看到第一个进入太空的人！

不要着急，跟我来！

咦，你们快看，那个金发碧眼的外国人在干吗？

那位叔叔抱着一只小狗。天哪，他居然把小狗放进了那个"铁球"里！

原来，阳光姐姐带大家来到了苏联的一个火箭发射现场。

同学们，这里是 1957 年 11 月 3 日的苏联火箭发射现场。1957 年 10 月 4 日，苏联成功发射了人类历史上第一颗人造卫星。现在，第二颗人造卫星即将发射。这一次，卫星上搭乘了一位特殊的航天员——小狗莱卡，它是第一个飞上外太空的地球生物。

哇，原来动物比人类更早地完成了航天梦。

不过，这对它来说并不是什么好事，莱卡因为受到惊吓，加之太空的极端条件，升空后没几个小时就死了。不过，莱卡的贡献也很大，它证明了哺乳动物是可以在太空的极端环境中生存的，这为人类进入太空提供了科学依据。

阳光姐姐再次念起咒语，带同学们来到了1961年4月12日的苏联拜克努尔火箭发射中心。

这里发生了什么大事吗？

苏联航天员尤里·阿列克谢耶维奇·加加林即将乘坐"东方"1号载人航天器进入预定轨道，他是世界上首位登陆太空的人。加加林环绕地球飞行一周后，安全返回地面。

快看，火箭发射了！

这真是划时代的一幕，让人热血沸腾！

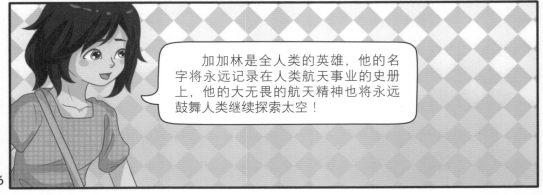

加加林是全人类的英雄，他的名字将永远记录在人类航天事业的史册上，他的大无畏的航天精神也将永远鼓舞人类继续探索太空！

阳光姐姐，你会带我们体验一次真正的太空之旅吗？

同学们，我们见证了人类登陆太空的历程，这一次你们该满足了吧？

阳光姐姐念起咒语，同学们回到了航天科技馆。

成为一名合格的航天员需要经过非常辛苦的训练，你们不怕吃苦？

我们不怕！

阿呆，你愿意放弃你的美食吗？

我愿意。大不了等太空之旅结束后，我再狠狠地吃回来！

既然这样，就用你们的实际行动来证明吧！

动物 "航天员"

1957 年，苏联的人造卫星上搭乘了一条名叫"莱卡"的小狗，它是第一个被送入外太空的地球生物。此后，又有数十种动物被送入太空。在观察了这些动物的反应后，科学家们最终才确定了人类登月的可能性。

据统计，全世界总共送了 32 只猿猴前往太空，其中最重要的是首只被送往太空并成功返回地球的黑猩猩——汉姆。它于 1961 年 1 月 31 日到达了距离地面约 252.67 千米的高空。仅仅三个月后，艾伦·谢泼德就成为美国首位进入太空的航天员。

1961 年 3 月 9 日，一只豚鼠和一群其他动物（狗、爬行动物和老鼠）成功地被苏联"史泼尼克 9 号"人造卫星送入了太空。

1966 年 7 月 15 日和 7 月 28 日，两只小狗——小豹和姗姗先后乘坐生物实验火箭"T-7A（S2）"飞上了高空，并都安全返回地面，它们成为中国的首批太空狗"航天员"。

神奇的太空育种

　　太空育种，就是将植物的种子或种苗送入太空，促使种子在太空的特殊环境中产生基因变异。经过筛选培育后的种子具有优质、稳定、高产、早熟、抗病力强等特点。目前，世界上只有中国、美国、俄罗斯等少数国家具备太空育种的技术。

太空育种步骤

1.将种子装入航天器。

2.在失重、真空、辐射等条件下，种子发生基因变异。

3.筛选优质的变异种子。

4.种植及培育。

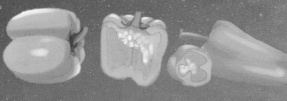

成为小小航天员

期 末考试结束后，暑假来临了。孩子们最初很兴奋，但休息了几天，就觉得有些无聊了。

本期出场人物：阳光姐姐、阿呆、朱子同、兔子、咪咪

还记得我们与阳光姐姐的那个约定吗？只要我们表现好，她就答应带我们来一次真正的太空之旅。

一个多月的假期，我们是不是该做一些有意义的事呢？

上一次我没有参与模拟太空之旅，这一次我一定要体验一下！

我的成绩进步了许多，阳光姐姐一定会履行约定的。

同学们坐在前往中国某航空航天科研训练中心的大巴车上，每隔一会儿，就能看见解放军叔叔巡逻。

阳光姐姐，我们不是去参加航天员训练吗？我怎么感觉像是来到了军事基地呀？

是呀，这里有好多解放军叔叔在站岗、巡逻。

我也不敢到处看。

他们的神情好严肃，我都不敢大声说话了。

同学们，这个科研训练中心本来就是军事基地啊。而且，这里除了用于训练航天员外，还是进行各项航天科学研究工作的场所，由于每一项研究都是军事机密，所以这里的管理制度十分严格。此外，这里的航天员和工作人员绝大多数都是军人出身。

那我们在这里是不是也要按照军人的要求训练和生活？

当然。

天哪！我忽然想到可怕的军训了……

61

众人进入训练中心的大门，工作人员在每位同学的面前摆放了一个大箱子。

阳光姐姐，我们都带了行李箱，不需要额外为我们准备装行李的箱子啦！

各位，我忽然有一种不好的预感。

并且这个不好的预感越来越强！

同学们，在进行航天员训练之前，你们除了衣物和生活用品外，其他物品都得上交。

我的游戏机也要离我而去吗？

天哪，没有零食，人生还有什么乐趣可言？

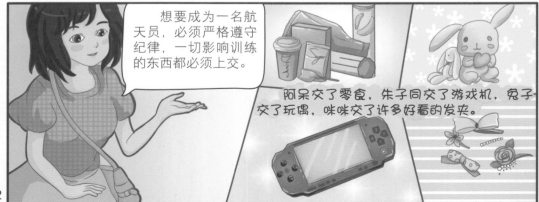

想要成为一名航天员，必须严格遵守纪律，一切影响训练的东西都必须上交。

阿呆交了零食，朱子同交了游戏机，兔子交了玩偶，咪咪交了许多好看的发夹。

62

在工作人员的带领下，同学们进入了训练中心内部。

你们说，成为一名航天员要进行哪些训练呢？

我觉得，要成为一名航天员，首先身体素质要过关，所以体能训练必不可少。

航天员在广袤的太空中工作是寂寞的，每一位航天员都要有过硬的心理素质，我想他们都会进行相应的心理素质训练。

航天技能培训也不能少，因为到了太空，所有的工作都只能靠他们自己来完成。

你们说得都很对。此外，航天员还会进行生存训练、医学救护训练、特殊环境训练和航天模拟训练等。根据航天员的类别和职业的差异，还会有一些具有针对性的训练内容。

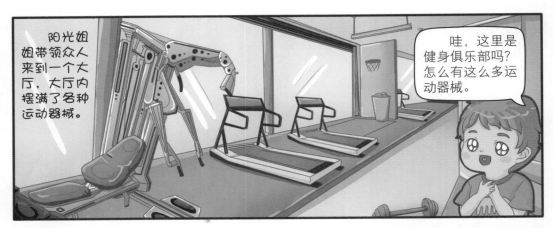

阳光姐姐带领众人来到一个大厅，大厅内摆满了各种运动器械。

哇，这里是健身俱乐部吗？怎么有这么多运动器械。

体能训练是不是也有很多项目呀？

是的。最基本的体能训练项目有长跑、爬山、骑自行车、体操、蹦床、游泳、跳伞等。

天哪！估计完成这些项目后，我就要变成瘦子啦！

这样多好，瘦子健康呀，而且吃得也少，太空中可没有那么多食物。

阳光姐姐，我曾经看过有关外国航天员训练的报道，他们的训练要求非常苛刻，训练环境也十分恶劣，这是不是真的呀？

不如我带你们到其他国家，看看他们的航天员是怎么训练的吧！

啊吧啦，啊咔啦！

阳光姐姐念起咒语，同学们来到一片冰天雪地中。

哇，好冷呀！这里怎么到处都是冰天雪地啊？

阳光姐姐，你应该等我们穿上羽绒服再施展魔法，冻死我了！

咦，你们看，那里有一个叔叔在滑雪！

这里是苏联，你们看到的那位叔叔其实是一位航天员。他就是在这样恶劣的环境中进行训练的，他每天都会进行滑雪、骑自行车、越野跑步等项目的体能训练。无论刮风下雨，都不会中断。

天哪，他穿得好少呀，他滑雪的速度好快！

阳光姐姐再次念起咒语，众人又来到一片沙漠中。

啊吧啦，啊咔啦！

好热呀！这里又是什么地方？

一眼望去，全是沙子，这里应该是沙漠！

没错，这里是美国的佛罗里达沙漠，是全球最炎热的地方之一。

美国航天发射中心为了锻炼航天员的耐力，会让航天员穿上近80千克重的航天服，在沙漠中每天步行约30千米。

咦，那边好像有一个穿着航天服的航天员。天哪！这么热的天气还穿着航天服，他会不会热晕过去？

天哪！这要是我，走1千米就要脱水了。

鉴于你们是第一天训练，今天我们就先跑1000米吧。

阳光姐姐念起咒语，同学们又回到了航天训练中心。

同学们上了跑步机，不一会儿就气喘吁吁了。

我不行了！我有一种头晕目眩的感觉……

平时叫你少吃点，多运动，现在知道自己的体能有多差了吧！

大家再坚持一会儿，我们可以的。

才1000米而已，眼一睁一闭，就跑完了。

跑完1000米后，同学们瘫坐在地上大口喘气。不过，一连数日的长跑下来，同学们的身体素质有了明显的提高。

这一天，阳光姐姐带着同学们来到了游泳馆。奇怪的是，水池中放置了许多航天模具，阳光姐姐还让同学们穿上了航天服。

阳光姐姐，你不会是想让我们穿着航天服下水吧？

是的。太空中是没有重力的，而水下训练也是最经典的模拟太空失重的训练方法。

这肯定比跑1000米简单多了！

阿呆，这种训练看似简单，实则要比在陆地上训练多付出一倍左右的体力。航天员每次下水训练后，他们的体力都严重透支，甚至都没有力气拿筷子吃饭了。

阳光姐姐，你可别吓唬我们啦。

于是，同学们半信半疑地下了水，结果一个个东倒西歪，只是站着就很费体力，一个个折腾得够呛。

不过，经过半个月的水下训练后，同学们基本都掌握了水下行走的技巧。

转椅?

阿呆，快点起来，你坐着的可不是普通的椅子，它是一把转椅。

这一天，阳光姐姐又带领同学们来到一个摆放着数把椅子和离心机的房间。阿呆一进门就一屁股坐在了一把椅子上。

咪咪恶作剧地按动了一个按钮，椅子由慢到快地转动起来。

来来来，让你体验一下，什么是转椅。

阿呆转得晕头转向，兔子赶紧把转椅停下。

停

阳光姐姐，这些转椅是干什么用的？这个大转盘又是什么呀？

转椅可以训练航天员的耐眩晕能力，而这个大转盘叫离心机，它可以让航天员的身体适应加速度带来的超荷载。这两项训练是航天员所有训练项目中最痛苦的。

航天训练中心

就这样，同学们为了进入太空，在航天训练中心进行了为期一个月的训练，大家每天上午进行体能训练，下午学习航天知识，每一天都过得十分充实。

航天服

　　航天员在执行航天任务时，都会穿上厚重的、特制的航天服，那么航天员的航天服有什么神奇之处呢？

　　众所周知，太空是真空的，几乎没有压力，人体直接暴露在太空中的话，身体内部的压力将远远大于太空中的压力，人体的器官可能会发生爆炸，而穿上航天服就能帮助航天员保持压力平衡。此外，航天服能为航天员提供氧气，还能控制温度和湿度，阻挡来自太空的射线和辐射。最重要的是，如果航天员在太空中遇到意外，航天服将会是航天员最后的屏障。

　　根据环境的不同，航天服一般可分为舱内服、舱外服和发射服。

某款式舱外航天服图解

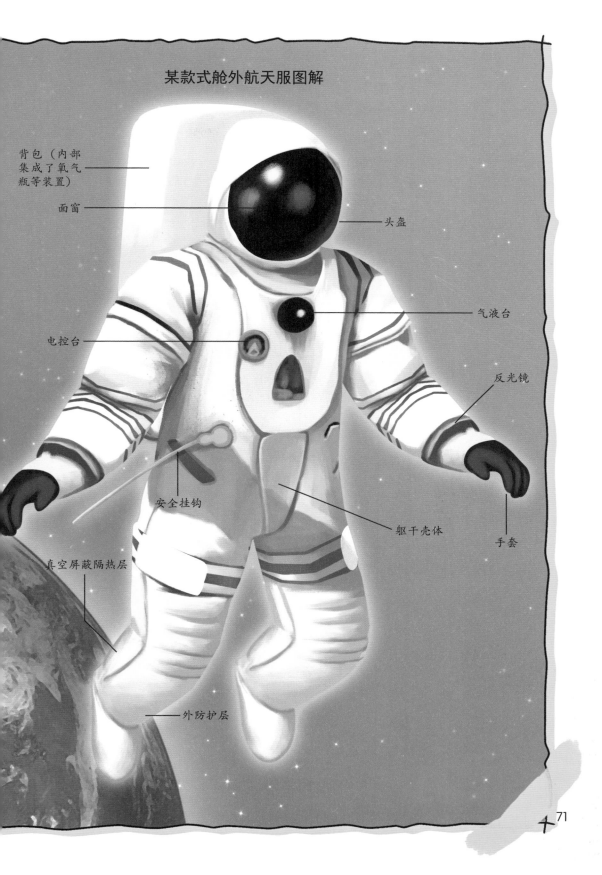

背包（内部集成了氧气瓶等装置）

面窗

头盔

气液台

电控台

反光镜

安全挂钩

躯干壳体

手套

真空屏蔽隔热层

外防护层

解密航天飞机

阿呆过生日时，爸爸送给他一架造型逼真的迷你航天飞机。虽说这只是个玩具，可是它能模拟航天飞机从起飞到降落的全部过程，再加上拥有炫酷的外形，这驾迷你航天飞机立刻俘获了惜城、兔子和朱子同的心。

本期出场人物：阳光姐姐、惜城、兔子、朱子同、阿呆

阳光姐姐施展魔法，变出了一架极具科幻风格的飞行器，带着大家一同前往美国。

航天飞机是飞机吗？它和普通飞机有什么区别呢？

航天飞机是往返于太空和地面的航天器，它需要依靠火箭发射升空。

惜城说得对。其实，航天飞机内置火箭助推器，所以航天飞机集合了飞机和航天器的性能。

不过，航天飞机与飞机存在本质上的差别，航天飞机的飞行空域可以是大气层内，也可以是大气层外的太空，而飞机却只能在大气层内飞行。

那我们驾驶航天飞机能直接飞到月球上去吗?

这个我就不知道了。

目前不能。因为航天飞机是在近地轨道上运行的,要想飞到月球,还需要更快的"第二宇宙速度"。再者,那么远的路途,它的燃料无法支撑它回到地球。

"第二宇宙速度"是什么意思?难道还有第一和第三宇宙速度?

对,人们把航天器绕地球飞行做圆周运动、脱离地球引力和飞出太阳系所需要的最小发射速度,分别称为第一宇宙速度、第二宇宙速度和第三宇宙速度。

那具体的数值是多少呢?

第一宇宙速度约为 7.9 千米 / 秒,第二宇宙速度约为 11.2 千米 / 秒,第三宇宙速度约为 16.7 千米 / 秒。

阳光姐姐,航天飞机目前还不能到达月球,是不是将来就能做到了?

我可以确定,随着科学技术的不断进步,人们在不久的将来一定会做到的。

众人抵达肯尼迪航天中心，热情的爱莎小姐接待了大家。

Hello, My name is Adai, emmm……

我是爱莎，欢迎你们来到肯尼迪航天中心，希望你们在这里有一段难忘的经历。

哇，爱莎姐姐的汉语说得真流利！

我还在担心我的蹩脚英语呢，这下好了，爱莎姐姐简直是我们这次旅程中最大的惊喜。

谢谢你们的夸奖，因为我很喜欢中国，尤其是中国的文化，所以特地学习了汉语。

爱莎小姐，能带我们去参观航天飞机吗？

当然，我可不忍心拒绝这几位可爱的小天使。

爱莎的话让孩子们非常高兴。

爱莎带领众人前往航天飞机发射场。当大家路过走廊时，看到一个摆放着航天飞机模型的透明橱窗，大家瞬间被吸引住了，纷纷驻足观看。

是的，我们一共研制出五种型号的航天飞机。

爱莎姐姐，这些航天飞机都是美国研制的吗？

我知道这一架，它是"亚特兰蒂斯号"。

是的。"亚特兰蒂斯号"执行过许多次任务，为人类的航天事业做出了巨大的贡献。

爱莎姐姐，这是"发现号"对不对？爸爸送过我一台和它一模一样的模型。

是的。这些航天飞机的模型很珍贵，你可要好好收藏呀！

Thank you, I sure will.

78

在爱莎的带领下，大家来到了发射场，看到了已经退役的"亚特兰蒂斯号"航天飞机。航天飞机停放在发射场，好像在期待下一次飞行。

这架航天飞机与刚才看到的模型不一样，为什么它和火箭连在一起呀？

还有，那个大箱子是干什么用的？

它们都是航天飞机的组成部分，我们刚刚在橱窗内看到的模型，其实是航天飞机组成部分之一——轨道器。

天哪，它怎么有一种英俊帅气的小伙子一秒钟变成啤酒肚大叔的既视感呀！

你这个比喻还真贴切！

阳光姐姐，航天飞机都是由哪些部分组成的呀？

航天飞机主要由三大部分组成，即轨道器、固体火箭助推器和液体推进剂贮箱。

液体推进剂贮箱有什么作用呢?

液体推进剂贮箱负责为航天飞机的发动机提供燃料,当燃料耗尽时,它便会坠入海洋。在航天飞机三大组成部分中,它是唯一不能重复使用的部分。

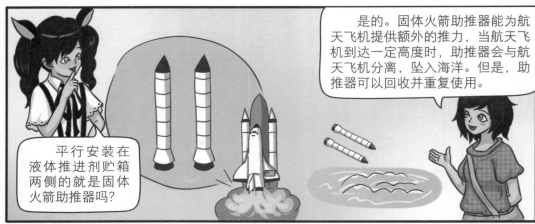

平行安装在液体推进剂贮箱两侧的就是固体火箭助推器吗?

是的。固体火箭助推器能为航天飞机提供额外的推力,当航天飞机到达一定高度时,助推器会与航天飞机分离,坠入海洋。但是,助推器可以回收并重复使用。

你们看,这才是我们平时见到的航天飞机!

准确地说,它叫轨道器,外形很像飞机,是整个航天飞机的核心部分,它到达预定轨道后会像人造卫星一样围绕地球运动。航天任务完成后,它会载着航天员返回地面。

阳光姐姐，轨道器的外形有点儿像太空返回舱。

它们虽然都能将航天员安全送回地球，但两者的工作原理完全不同。航天飞机轨道器离开太空后，航天员可以像驾驶飞机一样控制它滑翔到某个位置。此外，轨道器经过短期维护后可以被重复使用，而返回舱只能以自由落体的方式返回地面，并且不能被重复使用。

航天飞机与空气摩擦必然会产生高温，这么高的温度岂不是要将它烧成灰烬？

科学家一定有办法。

没错。航天飞机的最外层是新型陶瓷材质，它不仅耐高温、能够防止航天飞机燃烧，还能起到隔热的作用。

制造航天飞机的科学家真是太伟大了！

大家纷纷对子同的观点表示赞同。

航天飞机对臭氧层的影响

　　地球大气层中有一层臭氧层，它被认为是地球的保护层，可以阻挡太阳光中的紫外线和太空中的射线等。那么，航天飞机的发射会对臭氧层造成影响吗？航天飞机的助推燃料中，含有大量破坏臭氧层的化学物质，每发射一架航天飞机，就会使近千吨的臭氧遭到破坏。时至今日，已经有大约 10% 的臭氧层遭到了破坏。这样推算下去，臭氧层过不了多久就会完全遭到破坏，那时天空将不再是蓝色。近年来，人们一直在研究新型航天飞机，它不仅不会破坏臭氧层，还能修补臭氧层中的"漏洞"。

航天飞机降落之谜

　　航天飞机总是"早起"——它通常会选择在清晨返回地球。这是因为清晨比夜间的能见度要高，这使得航天员的视线更加清晰，从而有助于观察飞行状况。此外，清晨的气温较低，可以减少航天飞机与大气层摩擦而产生的热量，避免航天飞机因温度过高产生燃烧现象。

航天飞机如何回到发射基地？

　　航天飞机在发射时为了减小发射重量，其自身携带的燃料只够用于在太空的工作。所以，在返回地面时，航天飞机只能做滑翔运动。航天飞机本身就是一个"大个子"，零件又不能随意拆卸，所以工作人员只能用大型吊车将它放置在普通飞机上面，由普通飞机将它"驮"回发射基地。

向月球出发！

今天的夜空上演了难得一见的天文现象——月食。阳光姐姐和同学们在高楼楼顶用望远镜饶有兴趣地观看着。然而，在孩子们眼中，月食现象却成了"天狗食月"。

本期出场人物：阳光姐姐、阿呆、汀冰蟾、咪咪、朱子同

> 同学们，不如我们去一趟月球，看看月球上到底有没有"天狗"！

> 我好像看到了一只"天狗"，它正一〇一〇地将月亮吞进肚子。

> 随后飞来一位超人，他把天狗打败，并让它吐出了月亮。

> 怎么办？"天狗"会不会趁超人不在时再把月亮吃掉？

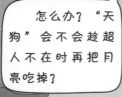

> "天狗食月"只是一个传说，而月食是一种特殊的天文现象。至于你们说的超人呀，天狗呀，它们明明只是两只蝙蝠好不好？

阳光姐姐没有立刻带同学们去月球，而是让同学们穿上了航天服。

不要，航天服会遮住我的美丽，而且它实在是太重了。

阳光姐姐，不要再让我们穿航天服啦！我们快点去月球好吗？再不去，天狗就要将月亮吃光啦！

我觉得我们应该带着武器，这样才能把天狗赶走！

我们恐怕不是天狗的对手！不如我们带点骨头去月球，用它将天狗引开。

天哪！我真佩服你们，"脑洞"实在是大！

这时，阳光姐姐一一检查好航天服。

同学们，不穿上航天服，我们就没法去月球。

为什么呀？

月球上的环境是真空的，没有氧气。航天服带有氧气装备，所以我们去月球一定要穿着它。

冰蟾说得对。此外，月球的气温变化剧烈。白天时，它的温度高达130℃左右，夜间最冷时，温度可降到零下200℃左右，穿上特制的航天服就可以不受温度变化的影响了。

月球上的温差怎么会那么大呢？

因为月球上空没有大气，它是直接暴露在宇宙空间中的。在阳光的照射下，月球表面的温度会迅速升高。在夜晚，温度又会迅速下降。所以，月球上的昼夜温差极大。

同学们乖乖穿上了航天服。阳光姐姐念起咒语，不一会儿，大家就出现在了月球上。

哇，这里就是月球吗？嫦娥呢，玉兔呢？不会都被天狗吃了吧？

那是因为月球上没有大气和水，生命无法存活。

一眼望去，除了石头，还是石头……月球上光秃秃的，一点也不好看。

这是陨石坑。月球上空没有大气层，陨石降落时会直接撞到月球表面。因此，月球相当于地球的"卫士"，它替地球挡住了许多陨石的撞击。

原来如此！

你们看，月球上有好多坑！

同学们在月球上找了很久，最后才认识到"天狗食月"只是一种特殊的天文现象。

我们相信"天狗食月"就是月食了，可月食是怎么发生的呢？

当太阳、地球、月球三者恰好处在同一条直线上，且地球又在太阳和月球之间时，太阳到月球的光线会被地球遮挡，这时就出现了月食现象。

月食虽然常见，但不一定每次都能观测到。

真神奇！那天我只顾着惊讶，没有好好欣赏。下一次月食，我要把它录下来。

为什么呢？

月食出现时，我们有可能正处在白天，或者云层浓密的夜晚。总之，有许多因素会影响我们观测月食。

喂，你们不是要找天狗吗？

对了，差点把正事忘了。

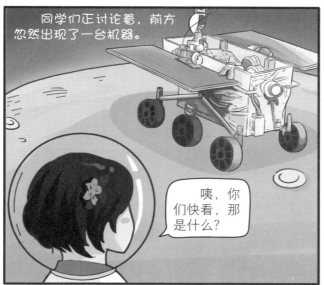

同学们正讨论着，前方忽然出现了一台机器。

咦，你们快看，那是什么？

它长得好像电影中的机器人，我们不会碰到外星人了吧？

那不是UFO，那是从地球发射到月球的探测器。

你们看，这台探测器上有一面五星红旗，这是我国发射的月球探测器吗？

哇，原来我们的国家这么厉害，连月球探测器都发射成功了！

是的，这台月球探测器名叫嫦娥三号，它于2013年12月2日在中国西昌卫星发射中心由长征三号乙运载火箭送入太空，登陆月球。

离开"嫦娥三号"后，同学们又继续前进。不一会儿，他们就在地上发现了一个脚印。

据我观察，这应该是外星人留下的脚印。

说不定是变形金刚留下的！

你们快看，那里插着一面美国国旗！

真的！阳光姐姐，人类曾经登陆过月球吗？

当然！

阳光姐姐，不如你带我们去见识一下人类首次登陆月球的场景吧！

好吧，请大家闭上眼睛，我们要出发啦。

啊吧啦

啊咔啦

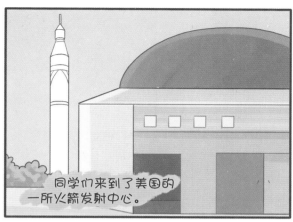

同学们来到了美国的一所火箭发射中心。

是的，这里是 1969 年的美国肯尼迪航天中心，过一会儿，"土星 5 号"火箭将搭载"阿波罗 11 号"飞船飞向月球，人类将首次登陆月球。

我们曾经来这里参观过，不过场景有点儿不一样了。

阳光姐姐，人类登月的愿望是由美国率先实现的吗？

"阿波罗 11 号"？在此之前，美国发射了许多艘以"阿波罗号"命名的飞船吗？

没错。美国为了探索月球，专门制订了"阿波罗计划"。从 1967 年到 1972 年，美国一共发射了 17 艘阿波罗号飞船。其中阿波罗 1 号至 3 号为模拟飞船，4 号至 6 号为不载人飞船，7 号至10 号为绕地球或月球轨道飞行的载人飞船，阿波罗 11 号至 17 号为载人登月飞船。

阳光姐姐，那个脚印是美国航天员登月时留下的吧？

正是。

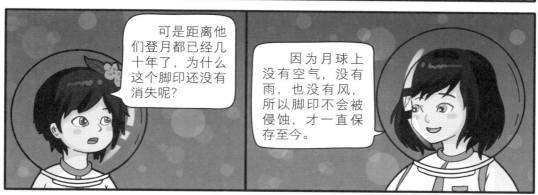

可是距离他们登月都已经几十年了，为什么这个脚印还没有消失呢？

因为月球上没有空气，没有雨，也没有风，所以脚印不会被侵蚀，才一直保存至今。

当然会，到时候我就可以坐在这里和兔子聊天了。

真是太神奇了。你们说，人类以后会在月球上建立基地吗？

而且那一天一定不会太遥远。

最后，阳光姐姐念起咒语，同学们回到了地球，结束了这次月球之旅。

月球的形状

　　小时候我们常常说，圆圆的月亮像玉盘，弯弯的月亮像小船，但这只是我们站在地球上看到的月亮。如果从太空中看月亮，那又会是怎样一幅画面呢？据科学家多年观测，月亮既不是一个圆盘，也不是一条小船，它的形状近似一个两边凸起的柠檬。

地球与月球

月球的外表

月球的大小

　　在太阳系中，月球是地球唯一的天然卫星，其半径约为 1740 千米，约为地球半径的 27%。月球的质量约为 7.349×10^{22} 千克，相当于地球质量的 1/81，体积约为 2.199×10^{10} 立方千米，表面积约为 3800 万平方千米，略小于亚洲面积。

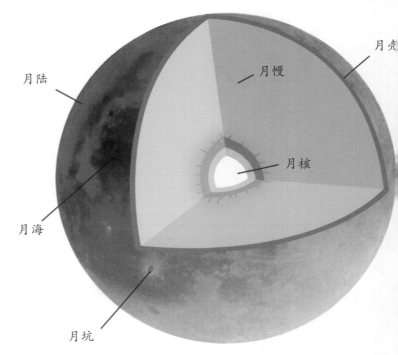

月陆　月幔　月壳　月核　月海　月坑

月球结构示意图

月球上的一天

地球上的一天有 24 小时，太阳每天按时升起、落下。那么，月球上的一个昼夜也有 24 小时吗？

科学家们计算出，在月球上，太阳从东边升起后，要经过 180 多个小时才能升到月球的正上空，再过 180 多个小时才会落下。如此算来，月球上的一个白天需要经过 360 多个小时。这样看来，月球上的一天相当于地球上大约一个月的时间呢！

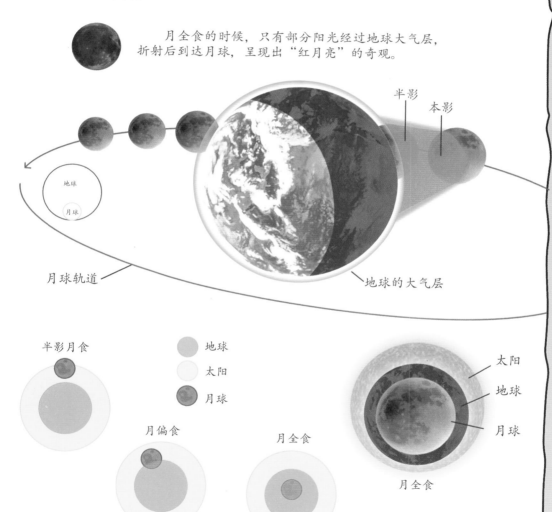

月全食的时候，只有部分阳光经过地球大气层，折射后到达月球，呈现出"红月亮"的奇观。

半影

本影

地球

月球

月球轨道

地球的大气层

半影月食

地球

太阳

月球

月偏食

月全食

太阳

地球

月球

月全食

月食

当地球转到月球和太阳之间，太阳光被地球挡住时，月球上就会出现阴影，这就是月食。月食可分为月全食、月偏食和半影月食三种。

"国际"空间站之旅

阳光姐姐和同学们一同观看了电影《2012》，影片中的地震、洪水等惊险的场景令孩子们胆战心惊。

本期出场人物：阳光姐姐、惜城、兔子、朱子同、咪咪

阳光姐姐，什么是"国际"空间站呀？

"国际"空间站是人类在太空领域规模最大的国际合作计划，它以美国、俄罗斯为首，加拿大、日本、巴西等十几个国家参与研究。中国尚未加入该计划。该计划所属的航天器，运行于距离地面约400千米的近地轨道，也是以"国际"空间站来命名的。

中国为什么没有加入呢？

一个说法是，当初计划建设国际空间站时，中国的航天技术比较落后，所以美国拒绝了中国的加入。

所以说，落后就要挨打，我们要更加发愤图强呀！

发愤图强

好了好了，知道你是学霸了！

孩子们在阳光姐姐的实验室里集合，阳光姐姐看到大家身后都背着一个氧气罐，禁不住笑出了声。

孩子们，我们这一次是去"国际"空间站，不是去潜水。

阳光姐姐，我们当然知道要去"国际"空间站。你瞧，有了氧气罐，我们就不会窒息啦！

阳光姐姐，我们还给你准备了一个呢！

扑哧～

这时，阳光姐姐发现兔子背后空空如也。

兔子，你为什么不带氧气罐呢？

这几个家伙太笨了，我早就说过，"国际"空间站里有氧气，可他们就是不信！

可是那里为什么会有氧气呢？

这个……

其实呀，为了保证航天员在"国际"空间站中能够畅快地呼吸，科学家们研究出多种制造氧气的方法，比如使用固体氧气发生器和电解水。

什么是固体氧气发生器和电解水呀？

固体氧气发生器利用化学试剂来制造氧气，同时也能吸收航天员们呼出的二氧化碳。电解水则是将空间站内的备用水、水蒸气和航天员的汗液电解，由此产生氧气和氢气。在这两种方法都行不通时，"国际"空间站内还有备用的氧气瓶。

原来如此。看来航天员在"国际"空间站生活，不必担心缺氧了。

不过，在去"国际"空间站之前，你们要将随身携带的物品拿出来。

为什么呀？我带了一台数码相机，准备在"国际"空间站将我英俊的面庞拍下来呢！

阳光姐姐，这么做是不是因为"国际"空间站里没有重力呀？

空间站里的重力很小，虽然不会影响人的站立，却会使一些小物品飘浮起来。

天哪，那我们岂不是会飘浮在空间站内！

孩子们卸下氧气瓶，朱子同留下了相机，咪咪、惜城、兔子留下了随身携带的一些小物件。

阳光姐姐念起咒语，同学们瞬间来到了"国际"空间站内。由于失重，大家都呈飘浮状态。

啊吧啦，啊咔啦！

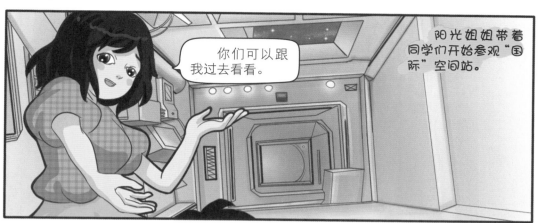

阳光姐姐带着同学们开始参观"国际"空间站。

你们可以跟我过去看看。

这里的空间好小呀！

这里面有厕所、浴室、睡袋、桌子，这应该是航天员们的生活舱。

子同说得没错。

你们看这里，这个舱内有许多科学仪器和服务设备，这里应该是服务舱。

这个舱内有电源、燃料和应急物品，所以这里应该是多功能舱。

你们说得都很对。除此之外，"国际"空间站内还有实验舱、节点舱、能源系统、太阳能电池帆板、移动服务系统等。

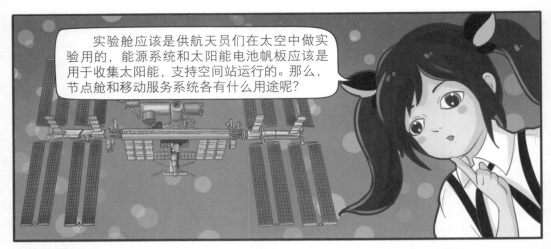

实验舱应该是供航天员们在太空中做实验用的，能源系统和太阳能电池帆板应该是用于收集太阳能，支持空间站运行的。那么，节点舱和移动服务系统各有什么用途呢？

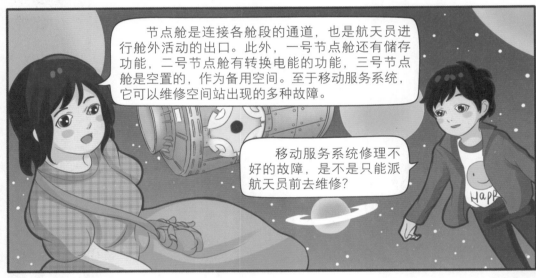

节点舱是连接各舱段的通道，也是航天员进行舱外活动的出口。此外，一号节点舱还有储存功能，二号节点舱有转换电能的功能，三号节点舱是空置的，作为备用空间。至于移动服务系统，它可以维修空间站出现的多种故障。

移动服务系统修理不好的故障，是不是只能派航天员前去维修？

也不一定，部分维修操作也可以通过机械臂来完成，就像我们平时看到的人们操作机械工作一样。不过，有些太精细的工作，可能就需要航天员亲自操作了。

太有趣了！好想体验一下。

过了一会儿，大家走到窗前，望着窗外的地球，大家不禁感叹：实在是太美了！

当地球发生灾难时，"国际"空间站是不是最安全的地方呀？

相对于地球上的其他地方，这里确实是一个绝佳的避难场所。不过，这里的空间有限，不可能容纳地球上所有的生命。

那我们怎么办？

其实，地球上的很多灾难都是人类自己造成的，比如沙尘暴、泥石流、空气污染。所以，要想避免灾难发生，我们必须从自身做起。

对，比如不乱扔垃圾，多种树！

让爸爸妈妈少开车，多使用公共交通工具！

参观完"国际"空间站后，阳光姐姐念起咒语，大家回到了地球。

赞同！

"国际" 空间站的结构

　　"国际" 空间站采用桁架挂舱式结构，几乎所有的组件都挂靠在桁架上，形成一座桁架挂舱式的空间站。"国际" 空间站由多个国家负责建造，每个国家负责的项目各不相同。建成后的 "国际" 空间站由43个部分组成，其总宽度约为88米，总长度约为108米。

①"命运" 号实验舱：由美国制造，是 "国际" 空间站的核心实验舱。
②"团结" 号节点舱：也被称作1号节点舱，是美国为 "国际" 空间站建造的第一个组件。
③"星辰" 号服务舱：由俄罗斯承建，是 "国际" 空间站的核心舱。由过渡舱、生活舱和工作舱等三个密封舱和一个用来放置燃料桶、发动机和通信天线的非密封舱组成。
④"曙光" 号核心功能舱：由美国出资、俄罗斯组装，能提供电源、推进、导航、通信、温控、充压的小气候环境等多种功能。
⑤加拿大遥控机械臂：由加拿大制造的远程操作臂，用于 "国际" 空间站的外部作业。

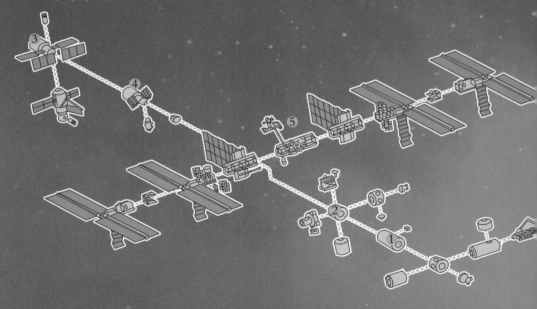

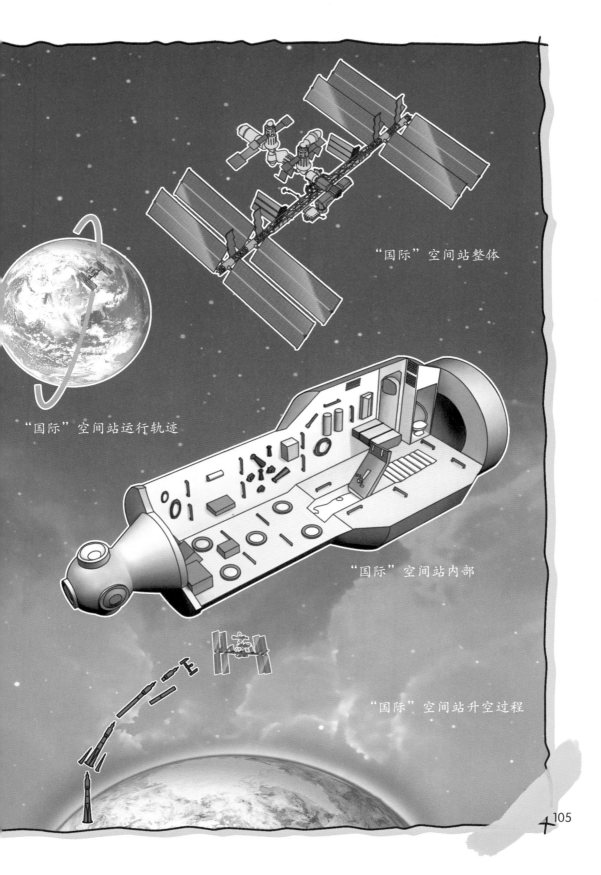

"国际"空间站整体

"国际"空间站运行轨迹

"国际"空间站内部

"国际"空间站升空过程

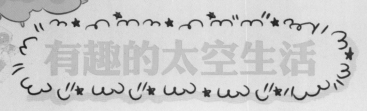

有趣的太空生活

这个周末，老师布置了一篇作文，题目为：如何在太空生活？大家围绕着这个话题讨论起来。

本期出场人物：阳光姐姐、阿呆、兔子、惜城、张小伟

太空与地球是两个截然不同的地方，航天员在太空中的生活一定也和在地球上的生活不同。

嘿，小伙伴们，不如我们去找阳光姐姐，让她带我们去看看航天员是如何在太空中生活的吧？

太空中没有重力，所有东西都会飘浮起来，甚至连走路都是飘着走的。

我曾经看过一篇报道，说航天员到了太空后，需要像婴儿一样重新学习如何生活。

为了让孩子们写出一篇内容生动的作文，阳光姐姐念起咒语，同学们瞬间出现在一艘宇宙飞船内。

啊吧啦，啊咔啦！

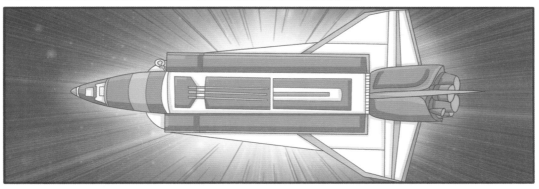

我怎么感觉自己身轻如燕，就要飘起来了呢？

我也感觉自己又轻了不少呢。

嘘，你们小声点！那边有三个航天员在睡觉呢，咱们不要打扰他们！

这里都没有床，怎么会有航天员在睡觉呢？

阿呆，快看你身后……

啊啊

只见三个航天员睡在舱内墙壁上的睡袋中。阿呆吓得差点叫出声，幸好墙城捂住了他的嘴巴。

真奇怪，这几位航天员怎么不睡在床上，而是睡在睡袋里？睡袋那么小，肯定不舒服。

更奇怪的是，他们居然靠在墙壁上睡觉，就像蝙蝠一样！

因为太空中没有重力，身体会不由自主地飘浮起来，所以睡觉时必须固定在一个地方，否则航天员会在舱内飘来飘去。

阳光姐姐，他们为什么要以这样奇怪的方式睡觉呢？

他们可以把自己固定在床上，这样就不用担心自己会飘浮起来了呀。

兔子说得有道理。

在失重的环境中可没有上下之分，躺着睡觉和站着睡觉的感觉是一样的。

在这样的睡袋里睡觉一定会很不舒服吧？连翻身都不行。

你们可不要小看这个睡袋，它是科学家们费尽心思设计出来的。你们瞧，睡袋的外面有几条管道，当管道充满气时，睡袋会被拉紧，从而向人体施加一种压力，这种压力可以让航天员感觉自己像睡在床上一样。

大家正说着，惜城就朝一个空着的睡袋走去。

真的吗？我也来试试。

惜城，快点回来，航天员要醒啦！

惜城吓得赶紧躲在了一旁的桌子下面。

阳光姐姐，快念咒语，让我们隐身！

阳光姐姐念起咒语，大家瞬间隐身。

啊吧啦，啊咔啦！

109

这时，三位航天员睡醒了，他们走出睡袋，朝洗漱间走去。众人悄悄地跟在航天员身后。

在太空中刷牙和在地球上刷牙一样吗？

我没有看到牙刷和牙膏，应该不一样吧。

你们看，这位航天员叔叔把湿毛巾缠在了手指上，他不会是要用湿毛巾刷牙吧！

只见一位航天员撕开一个包装袋，袋子里有几片湿毛巾。他将一段湿毛巾缠在手指上，伸进嘴里，反复摩擦牙齿。

在太空中，水和牙膏泡沫会飘来飘去，如果被航天员吸到鼻孔里就危险了，所以他们要用这种方法清洁牙齿。有时，他们也会咀嚼具有清洁口腔功能的口香糖。

那他们怎么洗脸呢？

也是用湿毛巾来擦脸。

阳光姐姐，那些驻守"国际"空间站的航天员，通常在太空一待就是半年、一年甚至更久。我很好奇，他们怎么洗澡呀？

天哪！真不敢想象他们一年半载不洗澡的画面……

阳光姐姐，你不是说，水会飘浮在太空中吗，那他们该怎么洗澡呢？

不会又是用湿毛巾擦一擦吧？

当然不是。

阳光姐姐，别卖关子了，快点告诉我们吧！

你们跟我来。

在一些先进的宇宙飞船上，一般都会有浴室，它实际上是一个直径约一米的密封浴桶，浴桶上还有一个盖子。当航天员打开专用喷头时，温水喷洒而出。洗完后，浴桶中的真空吸管会吸走香皂泡和水。

哇，真有趣！

阳光姐姐带着同学们去参观宇宙飞船上的浴室。

参观完浴室后，阳光姐姐又带大家来到太空厨房。

这里应该是航天员们吃饭的地方。你们看，这些真空包装里有好多种食物呀！

我看看，有水果蛋糕、蔬菜饼干、苹果干、牛肉丸、巧克力。哇！还有各种蔬菜呢，可是，这些食物怎么都是干巴巴的？

阳光姐姐，为什么航天员的食物要进行脱水处理呢？

这些食物都是经过脱水处理的。

100g
↓
50g

经过脱水处理的食物可以在室温下长期保存。脱水处理还可以减轻食物的重量。

112

咦，真奇怪，太空中没有重力，那这些餐具怎么都没有飘浮起来呢？

这些餐具和餐桌都是特制的，具有磁性，就是为了防止吃饭时餐具满屋乱飞。

不一会儿，三位航天员走了进来，开始进餐。

航天员吃饭的姿势真奇怪，他们整个身体都固定在座椅上。

不仅如此，航天员吃饭时还不能边吃边说话。

为什么呀？

如果他们在吃饭时张嘴说话，嘴里的食物会飘满整个餐厅，若不慎将食物吸入鼻腔，就容易被呛到。所以在太空中吃饭时，一定要快，不能慢慢咀嚼，咀嚼时也要闭着嘴。

天哪，在太空中吃个饭也太不容易了吧！

113

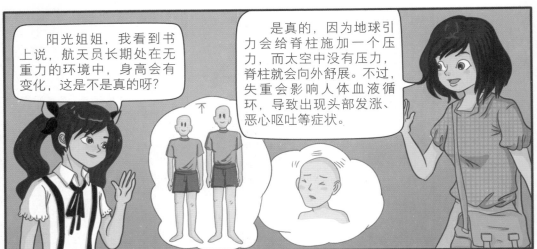

阳光姐姐，我看到书上说，航天员长期处在无重力的环境中，身高会有变化，这是不是真的呀？

是真的，因为地球引力会给脊柱施加一个压力，而太空中没有压力，脊柱就会向外舒展。不过，失重会影响人体血液循环，导致出现头部发涨、恶心呕吐等症状。

那他们要如何解决这些问题呢？

很简单，一方面是科学地补充营养物质；另一方面就是锻炼身体，进一步增强体质。

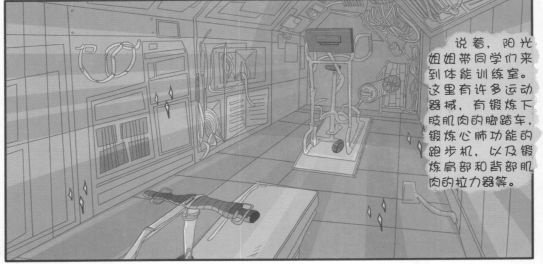

说着，阳光姐姐带同学们来到体能训练室。这里有许多运动器械，有锻炼下肢肌肉的脚踏车，锻炼心肺功能的跑步机，以及锻炼肩部和背部肌肉的拉力器等。

阳光姐姐，我还有一个比较尴尬的问题……

你是不是想问，航天员是怎么在失重环境下如厕的呀？

是的，排泄物会不会从马桶里飘出来？一想到这个画面，我就会一连好几天都吃不下饭！

咳咳……在失重环境下如厕，确实是一件比较麻烦的事。不过，科学家已经解决了这个难题，他们设计出了抽气马桶。

冲马桶不使用水，而是用气。液态排泄物会定期排放到宇宙空间，而固态排泄物会被压缩处理，最后带回地面。

在太空生活真的是太不容易了，我们还是赶快回地球吧！

太空行走

当航天器裸露在太空的部分出现故障时，就需要航天员出舱进行维修。

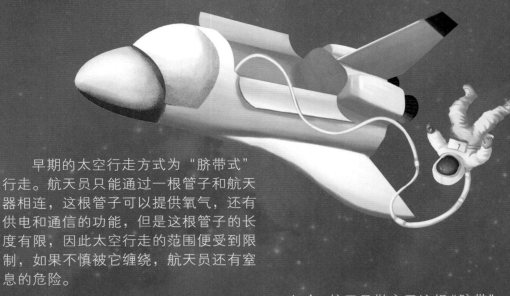

早期的太空行走方式为"脐带式"行走。航天员只能通过一根管子和航天器相连，这根管子可以提供氧气，还有供电和通信的功能，但是这根管子的长度有限，因此太空行走的范围便受到限制，如果不慎被它缠绕，航天员还有窒息的危险。

如今，航天员抛弃了这根"脐带"，他们穿上了舱外航天服，还背上了一个飞行器。飞行器四周有许多氮气喷口，航天员可以根据需要，自行控制高压氮气的喷出，为太空行走提供动力。高压氮气从不同方向的喷口喷出，能使航天员朝各个方向行走，还可以原地转圈。

太空称重

在地球上，我们的体重是根据地球的重力原理测量出来的，而太空是一个处于失重状态的空间，那么航天员在太空中该如何称量体重呢？

以美国航天员为例，他们在称体重时，会将身体固定在专用座椅上，通过机械震荡，以测量振动周期的方式，来计算出自己的体重。

2011年，我国研制出首台太空"称重仪"。它被安置在天宫一号目标飞行器的舱壁上。当航天员要测体重时，只需拉开它，然后坐在杆子上，四肢勾住支架。机械产生的外力搜动人体，最后由仪器自动计算结果。

美国航天员称重方式

我国研制的太空"称重仪"

飞出宇宙

学校组织的秋游已经结束了，但老师在秋游中拍下的一张照片却引起了大家激烈的讨论。原来，照片上有一个不明物体。

本期出场人物：阳光姐姐、惜城、张小伟、咪咪、汀沐蟾

要想知道它是不是外星人的宇宙飞船，只要我们再回到秋游的那一天就可以了！

凭着我福尔摩斯般的直觉，它应该是在暗中观察我们的秋游活动，没想到外星人也有这么强烈的好奇心。

你们的想象力也太丰富了，这就是一台无人机嘛！

真是不可思议！我们竟然和外星人离得这么近。

我认为这个不明飞行物是外星人的宇宙飞船！

阳光姐姐念起咒语，同学们瞬间回到了秋游的那天。

快看，照片上的不明飞行物就出现在那个小山坡的上方！

咪咪，快点回来！

怎么了？干吗这么大惊小怪！

快看那边，有另外一个咪咪走过来了。

天哪！这里怎么会有另外一个我？

阳光姐姐带咱们回到了秋游的那一天，自然会有正在参加秋游的我们了。

原来如此。还好小伟喊住了我，不然那个"我"看到这个"我"，"我们俩"都得受到惊吓！

大家放心，"他们"是看不到你们的，不要忘了，阳光姐姐可是会魔法的！

这种感觉真奇妙，我从来没有想过，在同一个空间内居然还有另外一个我。

从前只觉得自己帅，当我亲眼看到另一个自己时，我简直被他帅晕了！

自恋狂！

自恋？我有吗？我是一个实事求是的人！

嘻！

你们快看，"宇宙飞船"飞过来了！

120

众人朝着咪咪指的方向看去。

阳光姐姐，外星人的科技肯定很发达，它们会不会发现我们呀？

我们要不要找个地方躲起来？我可不想被外星人带走！

人类的想象力果然丰富。你们仔细看看，它究竟是不是宇宙飞船？

这时，一架航拍无人机降落在众人脚下。

原来是一架航拍无人机！

宇宙飞船果然不是那么容易遇到的……

阳光姐姐，我记得书上说神舟五号是一种宇宙飞船，这是真的吗？

广义的宇宙飞船是一种可以将人类或者物资送入太空并能返回地面的航天器，像中国的神舟系列、美国的双子星座号、阿波罗号，以及苏联的东方号、上升号和联盟号载人飞船，都可以称为宇宙飞船。

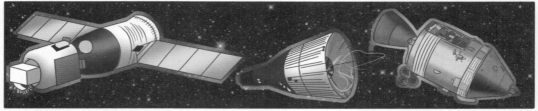

那电影《星球大战》中的那些在不同星球之间飞行的飞行器呢？

其实，那也是一种宇宙飞船，我们叫它"星际飞船"。不过，这种飞船由于技术限制，还处在构思阶段。

宇宙飞船目前都有哪些类型呢?

至今，人类已经先后研制出三种类型的宇宙飞船，即单舱型、双舱型和三舱型。其中单舱型最为简单，是早期的一种宇宙飞船，它只有宇航员的座舱，如美国研制的"水星号"。双舱型飞船是由座舱和提供动力、电源、氧气和水的服务舱组成，它改善了宇航员的工作和生活环境，如苏联的"东方号"飞船。

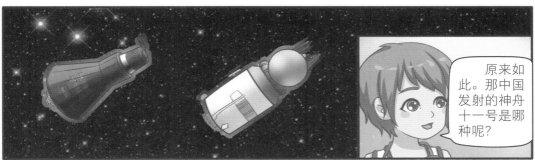

原来如此。那中国发射的神舟十一号是哪种呢?

神舟十一号属于三舱型宇宙飞船，它除了具有返回舱和服务舱外，还具备了轨道舱。轨道舱主要用于增加活动空间、进行科学实验等。

阳光姐姐，能不能带我们去参观一下这些宇宙飞船呢?

没问题。

阳光姐姐念起咒语。这一次，同学们出现在美国宇航局的火箭发射场。

我来过这里，这里是美国宇航局的火箭发射场。

嘘！小声点，被人发现可就惨啦！

此时，几名工作人员正在检修宇宙飞船。

你们看！那里停放着一艘宇宙飞船。

这艘宇宙飞船的外形与阿波罗号飞船十分相似！

就像是放大了好几倍的阿波罗号飞船，不过细节上要精致得多。

阳光姐姐，这艘宇宙飞船叫什么名字呀？它将去哪里执行航天任务呢？

这是"猎户座"宇宙飞船，它是美国宇航局研制出的新一代载人太空船。它将执行登陆火星的航天任务，它是一架真正的星际载人宇宙飞船。

火星是太阳系八大行星之一，人类的宇宙飞船至今还没有到达过火星吗？

是的，人类的宇宙飞船目前登陆过的最远的星球是月球。

既然我们的宇宙飞船能飞到月球上去，那为什么不早点儿飞往火星，飞出太阳系呢？

宇宙的距离是以"光年"来计算的，以火箭的动力，单是飞往火星就得耗时好几年，别说是更远的星球了。另外，宇宙飞船的能源也无法维持它长时间的飞行呀。

众人一脸失望。

不过，随着科技的不断进步，相信在你们长大之后，人类肯定能制造出畅游宇宙的飞船。

万分期待这一天的到来！

所以你们更应该好好学习，用自己的智慧、常识和能力研制出这样的飞船。

我们会努力的！

125

宇宙飞船里有没有"黑匣子"？

众所周知，"黑匣子"是飞机配备的一种电子记录设备，它可以记录飞机停止工作或失事坠毁前半小时的有关数据。人们可以通过"黑匣子"找出飞机失事的原因。由此可见，"黑匣子"十分重要。然而，宇宙飞船里并没有黑匣子。

宇宙飞船的构造比飞机复杂、先进得多。它的关键部位安装有数百个监视传感器。这些传感器能快速地、不间断地将宇宙飞船的舱压、温度、燃料消耗程度，以及航天员的心率、血压等数据传回地面。同时，监视传感器还会将飞船上所有的音频、视频等数据通过卫星传回地面控制中心。因此，即使宇宙飞船没有配备"黑匣子"，地面控制中心也对宇宙飞船的情况了如指掌。

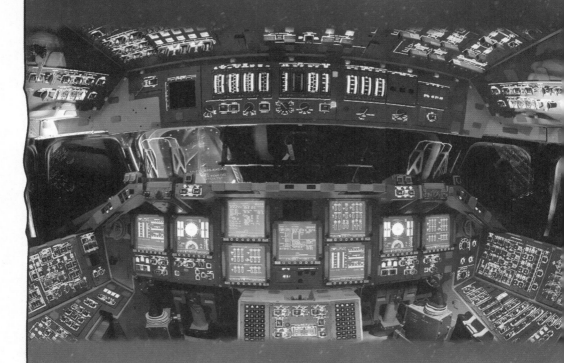

那些飞出地球的飞行器

许多人曾设想在星球之间来回穿梭，可按照现在的科技水平，这几乎是不可能的事，因为星球之间的距离太遥远了。人类虽然向宇宙发射过多个飞行器，可直到现在都没有飞行器能够飞出银河系。

　　"卡西尼－惠更斯"计划是美国航空航天局、欧洲航天局与意大利航天局的合作项目，其主要任务是对土星进行探测。卡西尼探测器于1997年10月发射升空，2004年进入土星轨道，并在第二年向土星最大的卫星——"土卫六"空投了一个迷你探测器——惠更斯号。2017年9月15日，卡西尼号土星探测器的燃料用尽，科学家控制其坠毁在了土星大气层中。

　　"旅行者1号"是由美国航空航天局研制的一艘无人外太阳系空间探测器，它于1977年9月5日发射升空。它曾到访过木星及土星，是迄今为止距离地球最远的人造飞行器，也是第一个飞出太阳系范围的人造飞行器，直到今天它还在飞行。

　　"旅行者2号"探测器于1977年8月20日在肯尼迪航天中心成功发射升空，它是唯一一个飞越了木星、土星、天王星和海王星的探测器，目前它已经飞行到太阳系的边缘。

图书在版编目（CIP）数据

奔向太空 / 伍美珍主编；孙雪松等编绘 .—济南：明天出版社，2018.5

（阳光姐姐科普小书房）

ISBN 978-7-5332-9738-1

Ⅰ.①奔… Ⅱ.①伍… ②孙… Ⅲ.①外太空—少儿读物 Ⅳ.① V11-49

中国版本图书馆 CIP 数据核字（2018）第 057786 号

主　　编	伍美珍	
编　　绘	孙雪松　王迎春　盛利强　崔　颖　寇乾坤　宋焱煊　王晓楠　张云廷	
责任编辑	刘义杰　张　扬	
美术编辑	赵孟利	
出版发行	山东出版传媒股份有限公司	
	明天出版社	
	山东省济南市市中区万寿路 19 号　邮编：250003	
	http://www.sdpress.com.cn　http://www.tomorrowpub.com	
经　　销	新华书店	
印　　刷	肥城新华印刷有限公司	
版　　次	2018 年 5 月第 1 版	
印　　次	2018 年 5 月第 1 次印刷	
规　　格	170 毫米 ×240 毫米　16 开	
印　　张	8	
印　　数	1-15000	
ＩＳＢＮ	978-7-5332-9738-1	
定　　价	23.80 元	

如有印装质量问题　请与出版社联系调换
电话：0531-82098710